动物园里的朋友们

（第二辑）

我是蚊子

〔俄〕瓦·休特金 / 文

〔俄〕叶·韦谢洛娃 / 图

刘昱 / 译

江西美术出版社

全国百佳出版单位

我是谁？

　　你好！我是一只蚊子，像羽毛一样轻，像飞机一样快（我有一对翅膀），勇敢而优雅！如果你还记得我的亲戚去年夏天是怎么咬你的，那我替他们向你道歉！我自己不咬人，因为蚊子先生们（雄蚊）是真正的绅士，从来不咬人！但蚊子女士们（雌蚊）是"吸血鬼"！不过，她们绝不是出于恶意伤害你！她们只是生来如此，雌蚊必须要喝温血，这样才有力量多生蚊子宝宝。我们蚊子的数量真的很多！而且我们蚊子属于双翅目长角亚目，全世界有 3000 多种。

　　蚊子瘦瘦的，有一对透明的翅膀，还有纤细的蚊足和长长的触角，是酷酷的飞行员！

1000 万只蚊子加起来才和你差不多重。

我们的居住地

　　我们的足迹遍布世界各地——除了南极洲，那里对我们来说太冷了。但我们一直在锻炼自己，逐渐适应寒冷的气候。我们已经不再害怕下雪了，冬天也可以生存。蚊子妹妹们会在寒冷的天气里进入冬眠状态，等天气变暖时，她们会醒来，然后继续翩翩起舞！这对我们非常重要，有利于繁衍出越来越多的后代！

　　我们选择潮湿的地方居住。我们喜欢平静的水面，湖泊、沼泽、沟渠、水坑、漏水的地下室——总的来说，就是温暖、潮湿、充满艺术氛围的环境！

　　成年蚊子寿命很短，大约能活1周，有的能活1个月，但有些雌蚊（寿命比雄性长）如果冬天冬眠的话，能够活整整一年。

在寒冷的地域，蚊子一年
只有几个星期在飞翔和吸血。

成年雄蚊子只能活 5~7 天。

我们的家族

　　有的亲戚是我见过的，也有我没见过的！比如大蚊（他们是我的远房亲戚）、亮大蚊、摇蚊和我那非常危险的侄子——疟蚊！最常见的蚊子是尖音库蚊，他们无处不在，围着人类和动物转个不停。

　　大蚊恰恰相反——他们根本不咬人，对于人类来说很安全。他们的幼虫在森林和田野中吃些植物腐烂的根部……我们中间还有无翅雪大蚊，身形与蜘蛛相似。还有伊蚊，他们小小的身体和腿上有白色的条纹。总之，有很多不同的蚊子，有大有小，有"吸血鬼"也有"素食主义者"，有危险的也有无害的。但几乎所有蚊子都是天生的飞行员，喜欢飞翔！

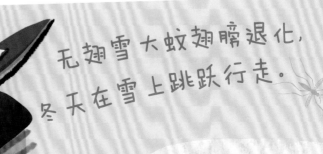

无翅雪大蚊翅膀退化，冬天在雪上跳跃行走。

我们的翅膀

　　我有一对翅膀，长在身体的前侧。我的小翅膀十分美丽，晶莹剔透，像一层薄膜，上面画着黑色的细线。我们疯狂地挥动翅膀，速度飞快，你听到的嗡嗡声就是我们挥动翅膀所发出的。蚊子很轻，体形很小，翅膀振动只能发出微弱的嗡嗡声。所以你要知道：当人们说蚊子叫时，并不是我真的在叫，而是我翅膀所发出的声音。蚊子发出的嗡嗡声各有不同，蚊子女士们的声音尖细，蚊子先生们的声音则偏低……

　　蚊子先生喜欢和年长的蚊子交朋友，这可能是因为他们的声音比年轻蚊子好听。这很合情合理，比如说旧吉他的声音就比新买的好听……说实话，如果我们飞行时能不发出声音就好了，这样的话就可以神不知鬼不觉地吸血了。所以，我们常常飞一会儿歇一会儿——为了不被人类听到！开个玩笑！

蚊子振动翅膀的频率大约是你心脏跳动的 **400** 倍。

我们的感官

蚊子的眼睛由数以千计的小眼组成，所以我看得很清楚！

但这不是最重要的。为了在空间中辨别方向，我的头部顶端有两根覆盖着绒毛的触角。在触角的帮助下，我能感受到前方有什么，附近是否有雌性，还能感知空气的振动。它们是我的耳朵！说到味觉，你可不要惊讶，我用腿，尤其是前腿尝味道。我的腿上长满了敏感的毛。蚊子使用三重探测系统观察四周，能感知自身 50 米范围内的食物！

我们向散发气味、温暖，有光亮的地方飞去！

我们的智慧

　　蚊子聪明、灵巧、有耐心。我们在不断强化我们的飞行技能，增强我们的适应能力。我们可以适应任何天气和生活条件：简陋的地下室或高档的五星级酒店，水晶般清澈的湖水或肮脏的水坑，炎热的非洲或寒冷的北方——我认为，探索南极只不过是时间问题！我们可不会迷路！

　　生活在城市下水道里的蚊子已经学会了在脏水中繁殖，而且冬天不冬眠！人类和动物的汗水中充满了乳酸的气味，我们在 30 米外就可以闻到！即使你想骗我们，偷偷喷了妈妈的香水，也没什么用，那更像在对我们说："快点，我在这儿，快飞过来！"

环境越糟糕，

越适宜蚊子生活。

蚊子不喜欢薄荷、薰衣草、石竹、茶树和巧克力糖的气味。

我们是王牌飞行员

　　为了寻找食物，蚊子们长途跋涉——顺风帮助我们飞得更远！除此之外，我们很容易钻进火车、飞机、汽车、轮船里，环游世界。据说，有一只蚊子和加加林一起坐火箭飞上了太空！蚊子的平均飞行速度大约是3千米/小时，但有些蚊子的速度比人类行走还快。我们甚至可以在雨中飞行，在水滴之间穿梭，每一颗水滴都比我们大，我们却能保持干燥！我们是真正的王牌飞行员。我们不喜欢爬行，我们大多生来会飞，为什么要爬？

为了寻找食物，蚊子一夜能飞12千米！

我们的食物

　　并非所有类型的蚊子都吸血。我们雄蚊是货真价实的素食者，仅以花蜜和植物汁液为食。嗯，雌蚊要在菜单中加上哺乳动物和鸟类的血液，她们通过吸血来获得能量，繁殖后代。雌蚊飞着飞着，就会落下来，用她们小小的尖牙在人类或动物皮肤上咬一个小口，把长长的口器伸进去吸血。同时，蚊子的唾液进入伤口，使血液无法凝固。这种唾液会导致皮肤发红、发痒。因此，被咬的地方总是很痒！雌蚊很喜欢吸血，如果不赶走她们，她们一次吸的血可以达到自身体重的 5~7 倍。

蚊子觉得最可口的花蜜来自牛蒡、艾菊和千叶蓍。

我们睡觉的地方

我们和那些喜欢光亮的飞虫不同。白天，我们喜欢藏在阴暗的地方，晚上才飞来飞去。白天，我们藏在房间里，藏在家具的后面、衣服里、窗帘里、僻静的黑暗角落里。晚上，我们去觅食。我们蚊子不盖房子。夏天，哪里方便就在哪里睡觉；到了冬天，雄蚊会死亡，雌蚊则隐藏起来或者冬眠——在此期间，她们停止繁殖，积累的能量能支撑她们活到春天。只要温度在 0℃以上，蚊子就可以在任何地方过冬。即使在更恶劣的条件下，蚊子也能设法生存。

温度太高的话，蚊子难以忍受，会热得"中暑"。

四种生命形态

　　在蚊子短暂的一生中，首先会是一颗卵，然后成为幼虫孑孓，之后是蛹，最后才成为"飞行英雄"（又吹牛了）。卵被产下后一周左右，就会孵化成为幼虫，经过四次蜕皮后变成蛹。蛹在水中游动，逐渐从浅棕色变为黑色，最终爆开，一只蚊子诞生了。卵——幼虫——蛹——蚊子，这是我的四种生命形态！

　　雌蚊在水中产卵，产下的卵就像小筏一样漂在水面上。无论是池塘还是沟渠，卵都可以在水中畅游，连桶、脸盆、洗衣盆都可以，最重要的是要有水！蚊子喜欢潮湿、温暖的环境！

蚊子幼虫通过尾端的气孔呼吸空气。

青蛙一天可以吃 **70** 只蚊子。

我们的天敌

    对许多动物来说，蚊子及其幼虫是相当可口的食物。青蛙、蟾蜍、刺猬、蜥蜴、蜻蜓、甲虫、蜘蛛、水黾、蝙蝠都想吃我们。而水禽，包括海鸥、鹅、燕鸥和黑尾塍鹬，不仅吃成年蚊子，甚至连幼虫也不放过。看到鱼（尤其是食蚊鱼）时，我得小心翼翼，不能出声。每种动物都可能伤害我们……但我们不是懦夫！我们会继续生活和飞翔！

    蚊子在地球生物圈中占有一席之地。没有蚊子就没有青蛙，没有青蛙就没有蛇，没有蛇就没有捕食他们的猛禽……地球上的生物按食物链生活，这条生态链永远不能被打破！所以就请忍忍我们吧！

你知道吗?

的确，蚊子会咬人类，但错不完全在蚊子，因为人类对蚊子太不公平了!

你知道人类把蚊子叫作什么吗? 吸血虫! 这个词多么令人反感!

谁会不生气呢? 人类把所有吸血的双翅目昆虫都称作吸血虫。也就是说，人类把优雅的蚊子和它的近亲混为一谈。一只优雅的蚊子、一只危险的舌蝇和一只愤怒的马蝇，都被称作吸血虫——对于一只精致的蚊子来说，这个叫法太不合适了。

所以蚊子生气了，

不仅对人，更对整个世界。

你是不是以为蚊子只会叮你和我? 其实它们叮一切可以叮咬的：小狗、小猫、马、熊、鸟……有些蚊子甚至叮老鼠和乌龟! 尽管它们从来没管蚊子叫过吸血虫。

我们说"我被蚊子咬了"，

但这不准确，事实上，蚊子不咬人。

蚊子不咬人，它们吸血，把自己的口器刺入你的皮肤下开始用餐。它们的口器很尖，可以轻松刺入皮肤!

你可能以为蚊子的口器像针一样。

完全不像! 蚊子的口器看起来很简单，但如果放在显微镜下观察，会让你非常惊讶。它的结构非常复杂! 共有6根口针，上颚、下颚各一对，下颚为尖端呈锯齿形的针，另外有上唇一根、舌一根，而这一切都包裹在喙中。

但我们想出了驱蚊方法！

人们发明了许多驱赶蚊子的东西，其中一些插在插座上——再没有一只蚊子嗡嗡叫着打扰你睡觉了。还有各种驱蚊霜和驱蚊液，让你能够顺利通过蚊子最多的地方。

但研究蚊子的昆虫学家
不喜欢用这些。

这是可以理解的——如果他们喷了驱蚊液，蚊子就不会靠近他们，他们还怎么进行研究呢？这些没有用驱蚊产品的昆虫学家去了苔原——他们特别想知道 1 分钟内会有多少蚊子叮他们。昆虫学家甚至不穿长裤和衬衫，以免干扰蚊子叮咬。为了更合蚊子的胃口，他们还特意弄出一身汗。

蚊子非常喜欢这份礼物，
在苔原竟有如此美味！

实验结果显示，1 分钟内大约有 9000 只蚊子叮一位昆虫学家。但这可能不太准确，因为没有人能忍受它们长达 1 分钟的叮咬：只过了 5 秒钟，大家就浑身大包，迅速停止了实验。他们穿好衣服，涂上驱蚊液，开始数身上有多少个包。结果，经过计算，他们在 1 分钟之内应该刚好被咬 9000 次。

昆虫学家又在身上涂了驱蚊液，迅速回了家。

昆虫学家抓了一整罐蚊子，把它们带回去做研究。回去之后，昆虫学家又进行了一项实验——他们把手伸进罐子里。一些昆虫学家的手很干燥，另一些昆虫学家的手很潮湿。蚊子不喜欢干燥的手！

你是不是觉得蚊子喝什么血都一样？

实际上，不是的，它们非常挑剔。

女孩子好像都这样！

你知道不是每个人的血型都一样吧？常见的血型有四种。蚊子喜欢吸 O 型和 A 型血。而且，如果让蚊子们在成年人和孩子之间做出选择，它们会选择叮孩子。

很遗憾，我们不能跟蚊子谈判！

我们很想跟它们谈谈，不要再嗡嗡叫了，别让咬伤的地方发痒了。作为回报，我们会款待它们，毫不吝惜。然而，蚊子需要血液来繁殖，一滴血所提供的营养足以让蚊子产上百颗卵。

既然没法和蚊子谈判，我们只能

想办法驱赶蚊子。

我们的祖先是如何防范蚊子的？难道我们的祖先只能就这样忍受蚊子的叫声和叮咬吗？不是的！人们很久之前就发现了蚊子，发明了蚊帐，而且对它们进行研究，发现蚊子特别不喜欢一些味道，比如大蒜的味道。

吸血鬼害怕大蒜的传说是由此而来的吗？

也许是的。但你知道，传说中的吸血鬼其实并不存在。但是蚊子是存在的。除了大蒜，它们还不喜欢桉树、豆油、薄荷、柠檬草、天竺葵和丁香等的气味。

更简单的方法：在窗子上挂上纱帘或者安上纱窗，这样蚊子就不会飞到屋里来了。

在热带地区，蚊子很多，人们发明了蚊帐——将一块巨大的纱布悬在床上，非常美丽，一下就能让人想起关于公主的童话故事，她们的床上都挂着床帐。这也是床帐，只不过可以密封，不让蚊子进去。

世界上最大的蚊帐在非洲尼日利亚。

这个蚊帐非常大，可以装下200个孩子！你能想象尼日利亚的蚊子有多么恼火吗？毕竟，它们看到了食物并闻到了食物的气味，但就是没法叮咬他们。

蚊子在黑暗里也能看见。

蚊子的眼睛很大，占据了头部的很大一部分。蚊子根据红外线寻找食物，也就是说，它们能"看到"我们身体所散发出的热量。它们能感觉到我们呼出的二氧化碳，我们汗水散发出的气味仿佛在邀请它们来吃饭。

因此，不要在蚊子多的地方锻炼身体！

蚊子不仅能够叮人，还可以表演飞行特技——转弯、潜水、紧急着陆。很难找到第二个这样优秀的飞行员了！而且，蚊子可以在1秒钟内振动翅膀500~600次！

蚊子可以漂在水面上，不沉底。

蚊子喜欢水，但只有在童年时（卵、幼虫、蛹）才生活在水面上。蚊子可以落到水面上，但这太冒险了——水中饥饿的鱼、青蛙和蟾蜍正等着它们呢！可怜的蚊子！虽然它们嗡嗡叫，还叮咬人，但还是很有魅力的。

大蚊更可怜，人们对它们一点也不公平！

当然，你非常了解它——它很大、很脆弱，腿很细很长，而且飞得很慢。有时候它们被误认为疟蚊！但事实并非如此，它们不是疟蚊。它们不叮人，非常可爱。但人们仍然害怕它们，可能是因为它们很大——有的长达 8 厘米。

在一些书里，蚊子还是英雄呢！

你听过《苍蝇的婚礼》这篇童话故事吗？在这个故事中，勇敢的蚊子把苍蝇从蜘蛛的魔掌中救了出来！也许正因如此，加拿大的科马尔诺市建了一座蚊子雕塑。这是世界上最大的蚊子纪念碑。雕像的翼展将近 5 米。

想象一下，要是这只蚊子是真的呢？太可怕了……

其他地方也有蚊子的雕塑——用铁铸成的蚊子，和人一样高，位于俄罗斯的亚马尔半岛。俄罗斯的萨列哈尔德市和新西伯利亚市也有蚊子雕塑，不过比较小。为什么要为蚊子塑像呢？是不是因为这些昆虫太多了？

不仅是因为蚊子太多了，
还因为蚊子带来了很多益处！

蚊子能帮助人们预测天气。人们认为，如果蚊子聚在一起，特别吵闹，意味着天气晴好；如果蚊子飞得低，意味着将会下雨；如果深秋仍然出现蚊子，意味着冬天将很温暖；而如果到了 5 月份还没有蚊子出现，那么当年夏季将会十分干燥。

我们的祖先认为，
蚊子很多是好事。

他们将蚊子（尤其是大蚊）很多的年份称为"蚊子年"，这意味着浆果和蘑菇将会大丰收。如果有人生病了，人们会打开他房间的窗户，点上蜡烛——好像在邀请蚊子来做客！人们相信蚊子的叮咬有助于病人快速恢复健康。

如果蚊子飞到嘴里代表什么？

这意味着，我们必须迅速闭嘴，否则你会说很多愚蠢的话，非常丢人！

看，蚊子多么神奇？
要尊重它们！

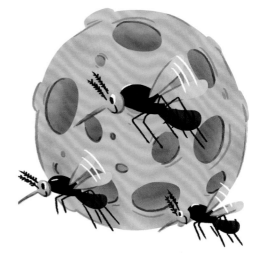

我的时间到了。蚊子的一生很短暂，不跟你多说了，我要继续飞了！

再见啦！夏天见！

动物园里的朋友们

本套书共三辑，每辑 10 册，共 30 册。明星作者以第一人称讲故事的形式，展现每个动物最与众不同、最神奇可爱的一面，介绍了每种动物的种类、生活环境、形态特征、生活习性等各方面。让孩子们足不出户也能了解新奇有趣的动物知识。

第一辑（共 10 册）

 我是企鹅
 我是狐狸
 我是刺猬
 我是老虎
 我是蝙蝠
 我是山羊

 我是松鼠
 我是狮子
 我是北极熊
 我是大熊猫

第二辑（共 10 册）

 我是海豚
 我是河马
 我是猫
 我是蛇
 我是长颈鹿
 我是驼鹿

 我是蚊子
 我是蝴蝶
 我是浣熊
 我是麝鼹

第三辑（共 10 册）

 我是小熊猫
 我是大象
 我是长尾猴
 我是斗牛犬
 我是考拉
 我是树懒

 我是袋熊
 我是蚂蚁
 我是老鼠
 我是臭鼬

图书在版编目（CIP）数据

　　动物园里的朋友们. 第二辑. 我是蚊子 / （俄罗斯）
瓦·休特金文 ; 刘昱译. —— 南昌 : 江西美术出版社,
2020.11
　　ISBN 978-7-5480-7514-1

　　Ⅰ．①动… Ⅱ．①瓦… ②刘… Ⅲ．①动物—儿童读
物②蚊—儿童读物 Ⅳ．①Q95-49

　　中国版本图书馆CIP数据核字(2020)第067725号

版权合同登记号　14-2020-0157

Я комар
© Сюткин В., текст, 2017
© Веселова Е., иллюстрации, 2017
© Издатель Георгий Гупало, оформление, 2017
© ООО «Юпитер», 2017
Simplified Chinese copyright © 2020 by Beijing Balala Culture Development Co., Ltd.
The simplified Chinese translation rights arranged through Rightol Media (本书中文简体版权经由锐拓
传媒旗下小锐取得Email:copyright@rightol.com)

出 品 人：周建森
企　　划：北京江美长风文化传播有限公司
策　　划：巴拉拉
责任编辑：楚天顺　朱鲁巍
特约编辑：石　颖　吴　迪　王　毅
美术编辑：童　磊　周伶俐
责任印制：谭　勋

动物园里的朋友们（第二辑）　我是蚊子
DONGWUYUAN LI DE PENGYOUMEN (DI ER JI)　WO SHI WENZI

［俄］瓦·休特金 / 文　　［俄］叶·韦谢洛娃 / 图　　刘昱 / 译

出　　版：江西美术出版社		印　　刷：北京宝丰印刷有限公司	
地　　址：江西省南昌市子安路 66 号		版　　次：2020 年 11 月第 1 版	
网　　址：www.jxfinearts.com		印　　次：2020 年 11 月第 1 次印刷	
电子信箱：jxms163@163.com		开　　本：889mm × 1194mm 1/16	
电　　话：0791-86566274 010-82093785		总 印 张：20	
发　　行：010-64926438		ISBN 978-7-5480-7514-1	
邮　　编：330025		定　　价：168.00 元（全 10 册）	
经　　销：全国新华书店			